科学のアルバム

モリアオガエル

増田戻樹

あかね書房

もくじ

構成●七尾 純
指導協力●金井郁夫
写真提供●佐藤有恒
桜井淳史
金井郁夫
イラスト●夏目義一
渡辺洋二
林 四郎
装丁●画工舎

科学のアルバム

モリアオガエル

増田戻樹（ますだ もどき）

一九五〇年、東京都に生まれる。幼《おさな》いころからの動物好きで、高校生のころより、写真に興味《きょうみ》をもつ。

都立農芸高校を卒業後、動物商《どうぶつしょう》に勤務《きんむ》。一九七一年より、フリーの写真家として独立《どくりつ》。

一九八四年より、山梨《やまなし》県小渕沢《こぶちざわ》町に移《うつ》り住み、おもに、近隣《きんりん》の動植物を撮《と》りつづけている。

著書《ちょしょ》に「オコジョのすむ谷」「森に帰ったラッちゃん」「子リスをそだてた森」「海をわたるツル」（共にあかね書房）、「ヤマネ家族」（河出書房新社）、「オコジョ―白い谷の妖精《ようせい》」（講談社）、「ニホンリス」（文一総合出版）、「夜の美術館《びじゅつかん》―八ヶ岳星座物語」（世界文化社）など多数ある。

山《やま》のおくふかく、
木《き》の上《うえ》でくらしている
カエルがいます。
モリアオガエルです。
どんなくらしを
しているのでしょう。

●木《き》の上《うえ》で，のどをふくらませてなくモリアオガエルのおす。

トノサマガエルは，池《いけ》や田《た》んぼなどでくらしています。

カジカガエルは，水《みず》のきれいな川《かわ》の上流《じょうりゅう》にすんでいます。

木《き》の上《うえ》でくらすカエル

日本《にっぽん》にはおよそ三十五種類《しゅるい》のカエルがすんでいます。みなさんの家《いえ》のまわりにも、いろいろなカエルがいるでしょう。

その大部分《だいぶぶん》は、水辺《みずべ》のちかくでくらしていますね。地上《ちじょう》でピョンピョンとびまわっていても、しばらくすると、かならず水《みず》にとびこんでからだをぬらします。

それは、カエルには、からだの皮《ひ》ふ・がかわくと死《し》んでしまうという性質《せいしつ》があるからです。

ところが、人里《ひとざと》にはめったにすがた・・・をみせず、水辺《みずべ》からはなれた林《はやし》や、ふかい森《もり》の木《き》の上《うえ》でくらしているかわりもののカエルがいます。モリアオガエルです。

⬆竹《たけ》のえだでやすむモリアオガエルのおす。地方《ちほう》によって，からだのもんがちがいます。ふつう北《きた》にいくほどもんの数《かず》が少《すく》なくなるようです。なかには，もんがないものもいます。体長《たいちょう》はおすが5～7㎝，めすが8～10㎝ぐらいあります。ほかのカエルにくらべて，からだのわりに足首《あしくび》から先《さき》の部分《ぶぶん》が大《おお》きいことがとくちょうです。

➡えだの上《うえ》でやすむモリアオガエル。葉《は》の色《いろ》とからだの色《いろ》がとけあって，ほとんどみつけることができません。

変化《へんか》するからだの色《いろ》

モリアオガエルの皮《ひ》ふは、みどり色《いろ》がふつうです。みどり色《いろ》の地《じ》に、黒《くろ》いふちどりのあるかっ色《しょく》のもんが、不規則《ふきそく》にならんでいます。ところが、雨《あめ》にぬれたり、水《みず》の中《なか》にはいったりすると、みどり色《いろ》だった地《じ》の色《いろ》が、だんだんかっ色《しょく》にかわっていくことがあります。

このような、皮《ひ》ふの色《いろ》の変化《へんか》は、まわりの木《き》や葉《は》の色《いろ》のなかに、自分《じぶん》のからだをとけこませて敵《てき》の目《め》をあざむくという、保護色《ほごしょく》の役《やく》めをはたしているのでしょう。

そのせいでしょう。木《き》のえだや葉《は》のしげみにかくれているモリアオガエルのすがたをみつけることは、とてもむずかしいことです。

⬆木《き》のえだの上《うえ》で，かっ色《しょく》がかってみえるモリアオガエルのおす。環境《かんきょう》や温度《おんど》の変化《へんか》によっても，色《いろ》がかわることがあります。

→まどガラスにへばりつくモリアオガエル。指先《ゆびさき》の吸《きゅう》ばんですいついているようすがよくわかります。前足《まえあし》と後《うし》ろ足《あし》の指《ゆび》と指《ゆび》のあいだには，水《みず》かきがついています。

←つるつるしたモウソウダケにとびつくモリアオガエル。吸《きゅう》ばんのおかげで，自由《じゆう》にとびつき，とびまわることができます。

指先《ゆびさき》のひみつ

えだからえだへ、葉《は》から葉《は》へ、モリアオガエルは自由《じゆう》にとびうつることができます。

モリアオガエルの指《ゆび》には、つめはありません。つるつるした葉《は》からすべりおちないのは、なぜでしょう。それは、前足《まえあし》や後《うし》ろ足《あし》の指先《ゆびさき》の一本《ぽん》一本《ぽん》に、吸《きゅう》ばんがついているからです。

太《ふと》い木《き》のみきにとまっているときは、指《ゆび》をひろげて、この吸《きゅう》ばんでぴったりとすいついています。また、細《ほそ》いえだの上《うえ》では、指《ゆび》をたくみにつかって、えだをしっかりとにぎりしめています。

吸《きゅう》ばんの力《ちから》はとてもつよく、えだや葉《は》の先《さき》までもへいきであるいていくことができます。

モリアオガエルの一日《にち》

　モリアオガエルは、水辺《みずべ》にすむカエルよりも、かわきにつよいからだをしています。でも、皮《ひ》ふがかわききってしまうと、やはり死《し》んでしまいます。

　だから、モリアオガエルは、空《くう》気《き》がかわいている昼《ひる》のあいだは、日《ひ》のあたらないえだや、うろの中《なか》などにうずくまっています。

　雨《あめ》の日《ひ》は、日中《にっちゅう》でもさかんに活《かつ》動《どう》します。しかし、ふだんモリアオガエルが活発《かっぱつ》にうごきまわるのは、夜《よる》になってからです。

➡日中《にっちゅう》，木《き》の葉《は》のかげでねむるモリアオガエル。カエルのまぶたは，目《め》の下《した》の方《ほう》についています。昼《ひる》のあいだは，まぶたを上《うえ》にもちあげて目《め》をとじ，木《き》のえだや葉《は》のかげにかくれてねむります。

⬇雨《あめ》あがりの木《き》のえだで，ぱっちりと目《め》をひらくモリアオガエル。雨《あめ》でからだがぬれると，ねむりからさめて，日中《にっちゅう》でもさかんに活動《かつどう》をはじめます。

とじていたまぶたを下《した》におろし、大《おお》きく目《め》をひらきます。そして、吸《きゅう》ばんをたくみにつかって、夜《よる》の森《もり》をえだからえだへと、えものをもとめてあるきまわります。

➡夜《よる》、活発《かっぱつ》にうごきだしたモリアオガエル。木《き》から木《き》へとびうつり、えものをもとめて、朝方《あさがた》まで活動《かつどう》をつづけます。

⬅ガをとらえたモリアオガエル。かみくだくための歯《は》がないので、一《いっ》気《き》にのみこんでしまいます。

モリアオガエルのえさとり

モリアオガエルの目《め》は、ひとみがとても大《おお》きく、月《つき》も星《ほし》もでていない暗《くら》い森《もり》の中《なか》でも、えものをみわけることができます。

うごきにはとくにびんかんです。少しでもみうごきしている昆虫《こんちゅう》をみつけると、大《おお》またでちかづいていき、大《おお》きな口《くち》をあけて、パクリとひとのみにしてしまいます。

ところが、うごかないものにはどんかんで、すぐそばでねむっている昆虫《こんちゅう》にも気《き》づかず、とおりすぎてしまうことがあります。

↑きけんをかんじると，あわててとなりの木《き》にとびうつったり，しげみの中《なか》ににげこんだりします。

←フクロウのなかまオオコノハズクにつかまってしまったモリアオガエル。巣《す》でまっているひな鳥《とり》のえさになるのでしょう。

おそろしい夜《よる》の森《もり》

夜《や》行《こう》性《せい》だからといって、モリアオガエルはけっして安《あん》全《ぜん》ではありません。夜《よる》の森《もり》にはフクロウのなかまがいます。夜《よる》の空《そら》をわがものがおでとびまわり、ノネズミやモリアオガエルをねらっています。

フクロウのなかまは、まるでにんじゃのようです。羽《はね》をはばたかせても、ほとんど音《おと》をたてません。

だから、きけんをかんじて、あわててにげようとしたときには、もうておくれ。するどい足《あし》のつめにおさえられて、あっというまにえじきになってしまいます。

夜《よる》の森《もり》は、きけんがいっぱいです。

※これからみていくモリアオガエルの一年《ねん》は，関東地方《かんとうちほう》における記録《きろく》です。地方《ちほう》によって，多少時季《たしょうじき》のずれがあるとおもわれます。

←雪《ゆき》でおおわれた山《やま》やま。モリアオガエルは，この山《やま》のどこかで，きびしい寒《さむ》さのとどかない石《いし》の下《した》や土《つち》の中《なか》にもぐりこみ，冬眠《とうみん》していることでしょう。冬眠中《とうみんちゅう》のからだの色《いろ》は，まわりの土《つち》の色《いろ》ににた，かっ色《しょく》になっているとおもわれます。

ふかい土《つち》の中《なか》で

十二月《がつ》、山《やま》に雪《ゆき》がふりはじめると、もうどこをさがしてもモリアオガエルのすがたはみあたりません。きっと、冬眠《とうみん》のために、土《つち》の中《なか》にもぐってしまったのでしょう。

カエルのからだは、体温《たいおん》を一定《いってい》にたもつしくみがありません。気温《きおん》のあがりさがりにあわせて、体温《たいおん》も変化《へんか》します。だから、もし、冬《ふゆ》も地上《ちじょう》にいたら、気温《きおん》といっしょに、カエルの体温《たいおん》もどんどんさがってしまい、こごえ死《し》んでしまいます。

そこでカエルは、体温《たいおん》をあるていど以下《いか》にはさげないように、温度《おんど》や湿度《しつど》が一定《いってい》にたもたれている土《つち》の中《なか》にもぐります。そして、夏《なつ》のあいだにたくわえておいた体力《たいりょく》を少《すこ》しずつつかいながらねむりつづけ、春《はる》がめぐってくるのをまつのです。

毎年《まいねん》春《はる》になると，産卵《さんらん》のためにモリアオガエルがあつまってくる池《いけ》。モリアオガエルは，どこの池《いけ》にでもやってくるわけではありません。この池《いけ》のまわりが，産卵《さんらん》によい条件《じょうけん》をそなえているのでしょう。

池《いけ》をめざして，山《やま》からおりてきたモリアオガエルのおす。池《いけ》のまわりがおすの声《こえ》でにぎわうようになると，やがてめすがすがたをあらわします。

うまれた池《いけ》をめざして

山《やま》でくらしているモリアオガエルも、おとなになると、一年《ねん》に一度《ど》だけ、かならず人里《ひとざと》にちかいうまれ故郷《こきょう》の池《いけ》にやってきます。産《さん》卵《らん》のためにくるのです。

その季節《きせつ》は春《はる》、関東《かんとう》地方《ちほう》では五月《がつ》の中旬《ちゅうじゅん》ごろからです。

まず、はじめにやってくるのはおすです。どこからともなく、一ぴき、また一ぴきと池《いけ》のまわりにすがたをあらわし、日《ひ》をおうごとに数《かず》をましていきます。

そして、何日《なんにち》かおくれて、たまごではちきれそうなおなかをしためすが、のっそりとすがたをあらわすようになります。

⬆小雨《こさめ》のふりつづくある日《ひ》，山《やま》をちかくにひかえた人家《じんか》の庭《にわ》のアジサイの上《うえ》でみつけた，モリアオガエルのおす。

⬆まきおき場《ば》でみつけたモリアオガエルのめす。おなかは，たまごではちきれそうにふくらんでいます。

➡田《た》んぼでなくモリアオガエルのおす。のどになきぶくろが１つあります。

⬇田《た》んぼでなくダルマガエルのおす。ほおの両側《りょうがわ》になきぶくろがあります。

めすをよぶ歌《うた》

六月《がつ》の夜《よる》、池《いけ》のまわりは、おすガエルのなき声《ごえ》で、夜《よ》どおしにぎわいます。

コロコロッ、コロロロロロ――ッ。

この声《こえ》は、おすガエルがめすガエルをよぶ合図《あいず》です。なくのはおす、めすはなきません。

たまをころがすようなその声《こえ》は、池《いけ》の中《なか》からも木《き》の上《うえ》からも、高《たか》く低《ひく》く、きそいあうようにきこえてきます。

人間《にんげん》やけものや鳥《とり》などは、息《いき》をはきだすときになきます。でもモリアオガエルはちがいます。いっぱいすいこんだ空気《くうき》を、のどにあるなきぶくろというふくろと肺《はい》のあいだで往《おう》復《ふく》させてなくのです。

⬇めすをよびよせるために，木《き》の上《うえ》でなきあうモリアオガエルのおす（左右《さゆう》とも）。なきあいは，産卵期《さんらんき》がおわる7月末《がつすえ》ごろまでつづきます。

➡ないているおすのところへやってきたモリアオガエルのめす(手前《てまえ》)。

⬇１ぴきのめす(右《みぎ》はし)をめぐって数《すう》ひきのおすがよってきて，うばいあいをすることがあります。

おすとめすのであい

おすたちの声《こえ》にさそわれて、めすがちかづいてきます。すると、まちかまえていたおすたちが、さきをあらそってめすの背中《せなか》にとびのろうとします。めすの数《かず》が、おすの数《かず》よりも少《すく》ないからです。

木《き》のえだから、めすの背中《せなか》めがけて、とびおりてくるおすもいます。まちがえて、おすの背中《せなか》にとびのるおすもいます。すると下《した》になったおすは、あわててコッコッコッと声《こえ》をたて、自分《じぶん》がおすだということを上《うえ》のおすにしらせます。

こうして、さきにめすの背中《せなか》にとびのったおすが、めすとつがいになります。

⬇木《き》のえだにのぼり産卵場所《さんらんばしょ》をさがすおす(上《うえ》)とめす(下《した》)。おすとめすがつがいになると，おすはめすの背中《せなか》にとびのります。めすはおすを背中《せなか》にのせたまま移動《いどう》します。

➡午前《ごぜん》3時《じ》ごろ，はじまったモリアオガエルの産卵《さんらん》。あわがたちはじめると，とちゅうから数《すう》ひきのおすがくわわることがあります。白《しろ》いあわはふくれはじめたばかりのもので，かっ色《しょく》のあわは日《ひ》がたったものです。

⬅おなじえだに，2組《くみ》のつがいが産卵《さんらん》をはじめました。後《うし》ろ足《あし》をつかって，1分間《ぶんかん》に2～3回《かい》のゆっくりしたうごきで，あわをかきまぜます。このとき後《うし》ろ足《あし》の大《おお》きな水《みず》かきが役《やく》にたっているようです。こうしてたまごは，すっかりあわにつつまれてしまいます。

木《き》の上《うえ》で産卵《さんらん》

産卵《さんらん》は夜中《よなか》にはじまることが多《おお》いようです。

池《いけ》のまわりにしげっている木《き》のえだが、モリアオガエルの産卵場所《さんらんばしょ》です。

めすが前足《まえあし》で細《ほそ》いえだにつかまると、背中《せなか》のおすが、からだを左右《さゆう》によじらせて、めすのおなかにしげきをあたえます。

やがて、めすのしりから、にょうといっしょにねん液《えき》がでてきます。まちかまえていたように、おすが精子《せいし》をだしながら、めすといっしょにねん液《えき》を後《うし》ろ足《あし》でかきまぜます。すると、しりのあたりに白《しろ》いあわのかたまりが少《すこ》しずつふくれあがります。それから、めすはあわの中《なか》にたまごをうみはじめます。

⬆産卵中《さんらんちゅう》のモリアオガエルをおそうヤマカガシ。産卵中《さんらんちゅう》は，何時間《なんじかん》もうごくことができないので，しばしばヘビにおそわれます。

⬅雨《あめ》の中《なか》の産卵《さんらん》。産卵《さんらん》は，雨《あめ》の日《ひ》や，湿度《しつど》の高《たか》い日《ひ》の夜《よる》に多《おお》くおこなわれます。

ふだんは、おくびょうで注意《ちゅうい》ぶかいモリアオガエルですが、いったん産卵《さんらん》がはじまると、もうむちゅうです。つがいになれなかったほかのおすがやってきて産卵《さんらん》にくわわっても、しらん顔《かお》です。

でも、こんなときがいちばんきけんです。ヘビがまちかまえていて、おそってくることがあります。

➡朝《あさ》になると，モリアオガエルは池《いけ》のまわりにちらばって，木《き》のえだには直径《ちょっけい》20cmぐらいのあわのかたまりがのこります。あわの数《かず》は，日《ひ》をおってふえていきます。

産卵《さんらん》をおえて

およそ三時間《じかん》という長《なが》い時間《じかん》をかけて、産卵《さんらん》はおわります。夜《よる》おそく産卵《さんらん》をはじめたものは、朝方《あさがた》までかかってしまいます。

産卵《さんらん》をおわると、おすは、めすの背中《せなか》からおりて、その場《ば》をはなれます。

おなかがぺちゃんこになっためすは、おちるように池《いけ》の中《なか》にとびこみ、およいで岸《きし》にむかいます。

岸《きし》にたどりついためすは、かれ草《くさ》や落葉《おちば》の下《した》にもぐりこみ、つかれきったからだをやすめます。

いっぽうおすは、まだ産卵《さんらん》をしていないめすとつがいになったり、べつのつがいの

↓産卵《さんらん》をおえためすは，池《いけ》にとびこみ，およいで岸《きし》にたどりつきます。ふだんは木《き》の上《うえ》でくらしていますが，このようにおよぎもじょうずです。

↓草《くさ》むらにうずくまり，つかれたからだをやすめるモリアオガエルのめす。体力《たいりょく》が回復《かいふく》するまでのしばらくのあいだ，池《いけ》のまわりでくらしてから，また山《やま》へもどっていきます。

なかまいりをしたりして、何回《なんかい》か産卵《さんらん》にくわわることがあります。

このようにして、池《いけ》のまわりの木《き》のえだには、モリアオガエルのたまごをつつみこんだあわのかたまりが、まるでちょうちんのようにいくつもぶらさがっていきます。

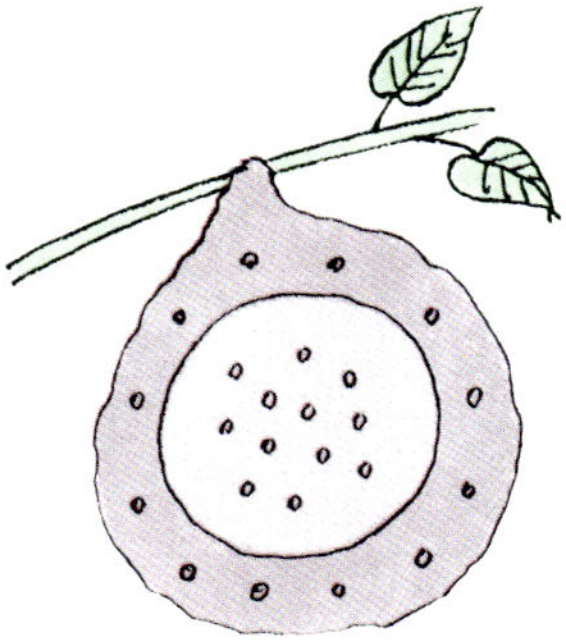

⬆表面《ひょうめん》のかわいた層《そう》の厚《あつ》さは約《やく》3㎝。この層《そう》にあるたまごは，かわきのために死《し》んでしまいます。

たまごからおたまじゃくしへ

あわの中《なか》には、白《しろ》いたまごが約《やく》四百個《ひゃっこ》ぐらいつまっています。

はじめはねばねばしていたあわが、日《ひ》

⬆産卵後数日《さんらんごすうじつ》たったあわのかたまり。産卵直後《さんらんちょくご》はまっ白《しろ》でふわふわしていたあわは，日《ひ》がたつうちに色《いろ》あせ，表面《ひょうめん》がかさかさにかたまり，中《なか》の水分《すいぶん》が外《そと》へにげだすのをふせぎます。

①産卵直後《さんらんちょくご》のたまご。直径《ちょっけい》はわずか2㎜ばかりです。

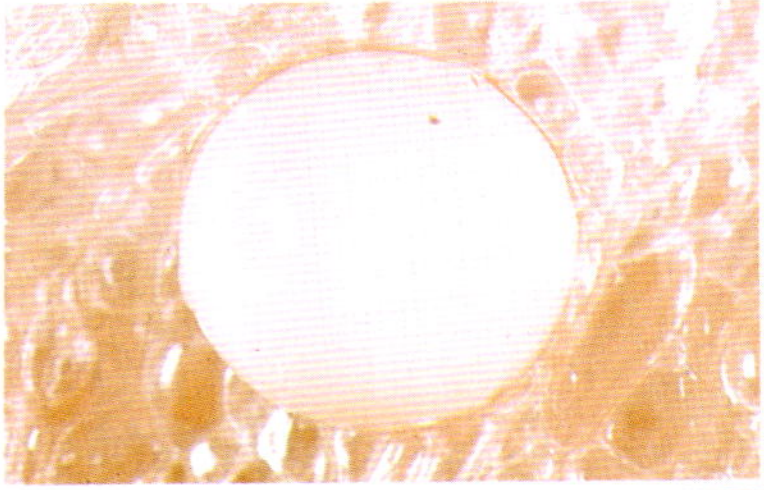

②産卵《さんらん》3日後《かご》。たまごに変化《へんか》がおきはじめました。

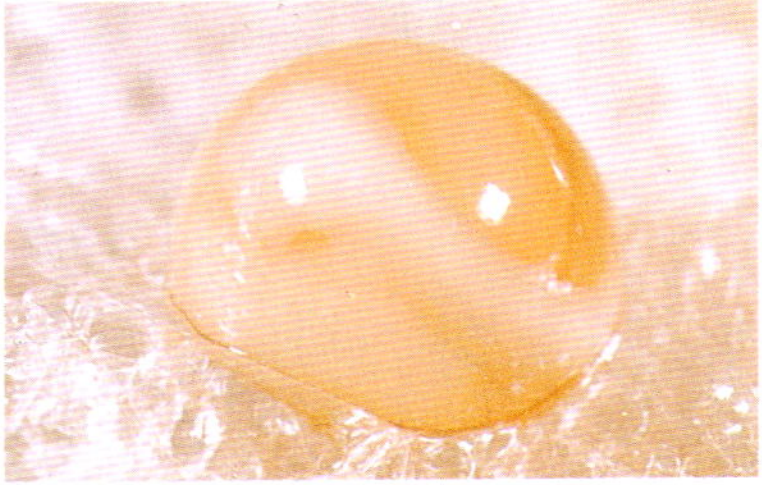

③産卵《さんらん》4日後《かご》。からだと目《め》があらわれはじめました。

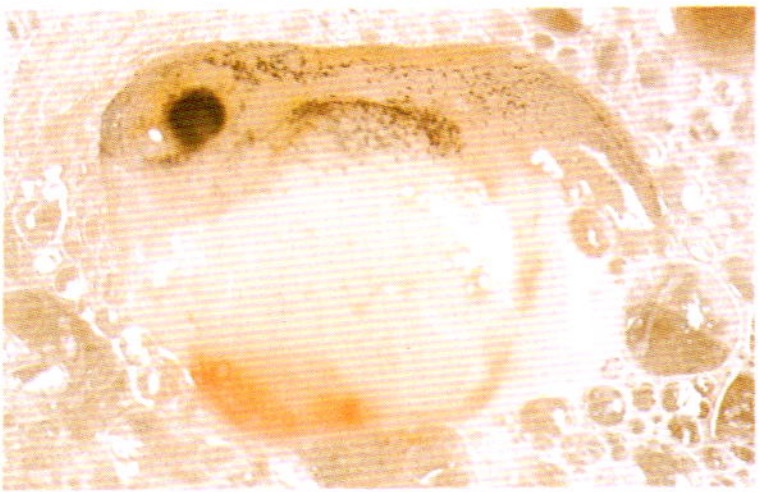

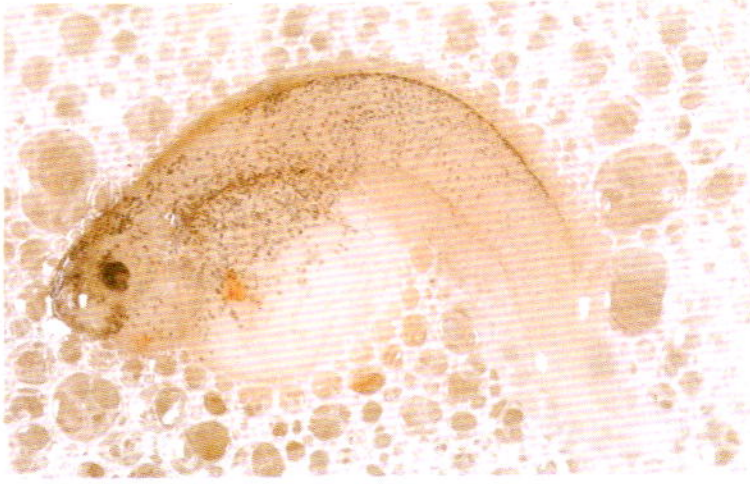

④産卵《さんらん》5日後《かご》。からだがはっきりしてきました。

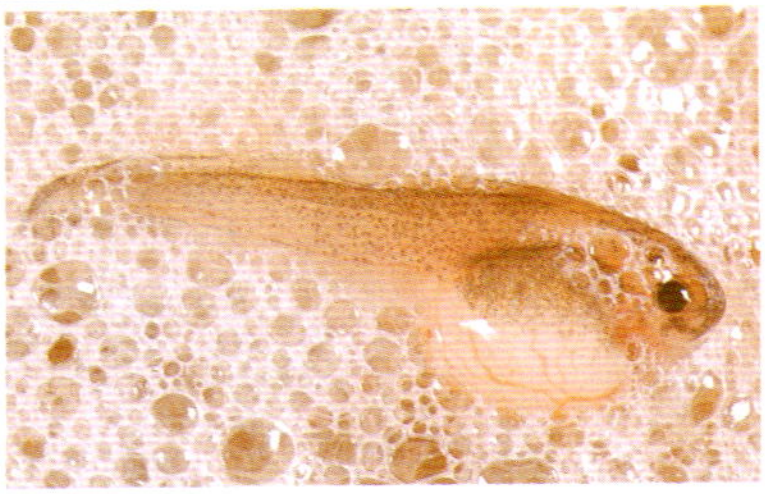

⑤産卵《さんらん》6日後《かご》。からだがまっすぐにのびました。体長約《たいちょうやく》6㎜。

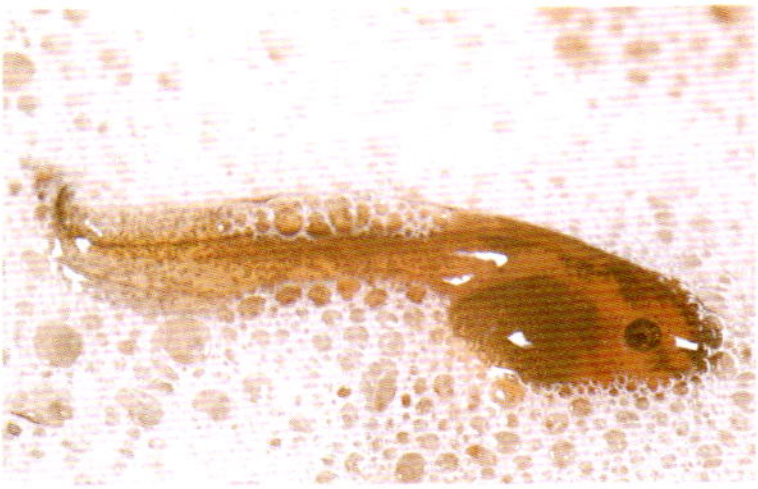

⑥産卵《さんらん》7日後《かご》。ふ化《か》しておたまじゃくしになりました。

がたつうちに、表面《ひょうめん》がかわいてかさかさにかたまっていきます。

中《なか》はどうなっているのでしょうか——。

あわの一部《いちぶ》をけずりとってみると、内側《うちがわ》は、産卵直後《さんらんちょくご》のあわのように、やわらかいままです。

かたい表面《ひょうめん》が、空気《くうき》をさえぎってくれるので、内側《うちがわ》は、たまごがふ化《か》するのにひつような温度《おんど》や湿度《しつど》がたもたれているのでしょう。

けずりとった部分《ぶぶん》を家《いえ》にもちかえり、たまごがどのように変化《へんか》して、おたまじゃくしがうまれてくるのか、かんさつしてみました。

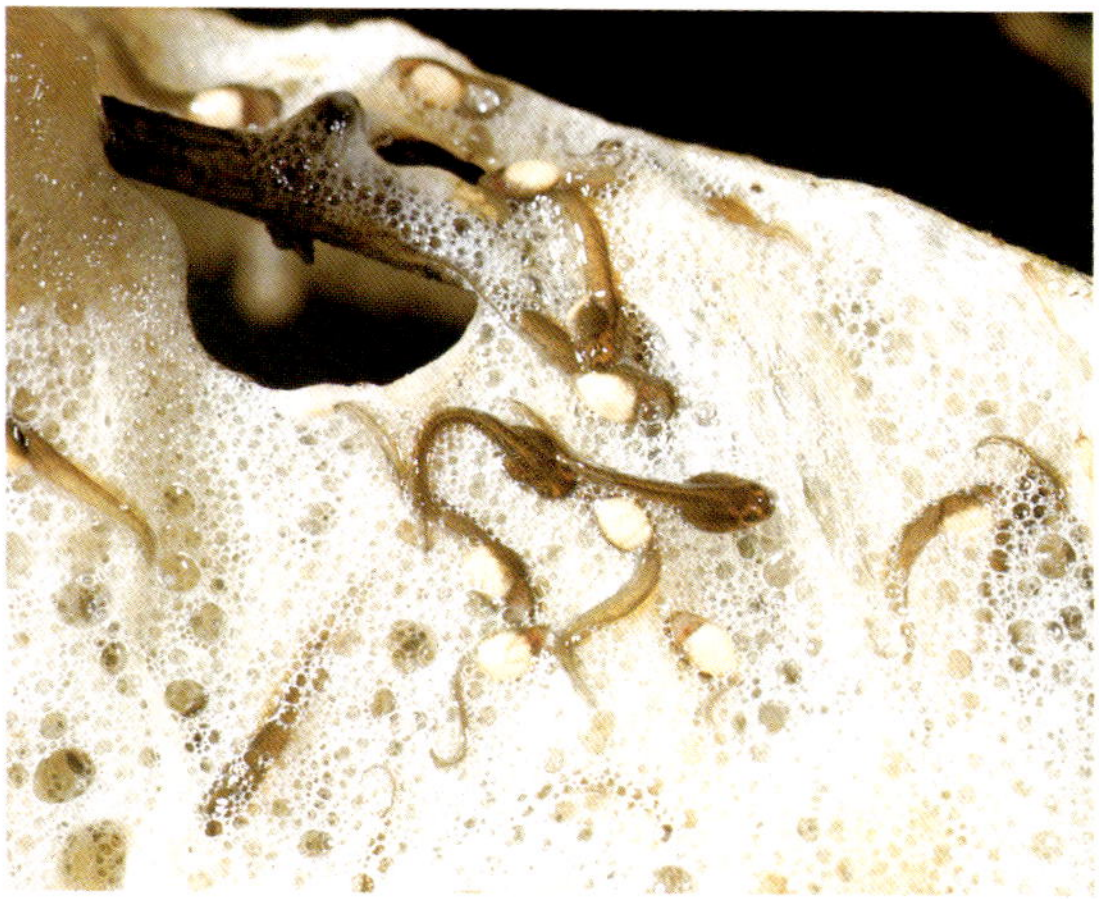

↑ふ化《か》したてのおたまじゃくし。おなかには卵黄《らんおう》というおべんとうをつけています。しばらくのあいだこの養分《ようぶん》で成長《せいちょう》します。

↑とろけはじめたあわ。空気中《くうきちゅう》の湿《しっ》気《け》と，おたまじゃくしがだす成分《せいぶん》があわをとかします。

おたまじゃくしになった

産卵後約《さんらんごやく》十日《か》、池《いけ》のまわりのあわはどうなっているでしょう。指《ゆび》であわにさわると、かさかさにかわいていたはずのあわは、ぶよぶよしたかんじにかわっています。

ところどころがとろけて、いまにもずりおちそうになっています。そのさけめからふ化《か》したばかりのおたまじゃくしのすがたがみえています。そして数日後《すうじつご》――。

ポトン、ポトン。

一ぴきのおたまじゃくしが、しずくのようにおちたのをあいずに、つぎつぎとおたまじゃくしがつづきます。これから、おたまじゃくしの水中《すいちゅう》の生活《せいかつ》がはじまるのです。

← 池《いけ》におちるおたまじゃくし。ふ化《か》後《ご》約《やく》五～六日《にち》。おたまじゃくしは十二～十三ミリメートルぐらいに成長《せいちょう》しています。

↓ 八月《がつ》になると、すべてのあわがとろけおちてしまい、池《いけ》の中《なか》では数千《すうせん》びき、ときには数《すう》万《まん》びきものおたまじゃくしが生活《せいかつ》をはじめます。

➡とも食《く》いをするモリアオガエルのおたまじゃくし。よわったおたまじゃくしは，なかまに食《た》べられてしまうことがあります。

おたまじゃくしの成長《せいちょう》

陸《りく》でくらすカエルは、肺《はい》と皮《ひ》ふで呼《こ》吸《きゅう》をしています。でも、水《すい》中《ちゅう》で生《せい》活《かつ》をするおたまじゃくしは、からだの中《なか》にあるえらで、水《すい》中《ちゅう》の酸《さん》素《そ》をとって呼《こ》吸《きゅう》しています。

おたまじゃくしが成《せい》長《ちょう》していくにしたがって、からだの中《なか》に、だんだん肺《はい》ができあがっていきます。

おたまじゃくしは、小《ちい》さなまるい口《くち》で、やわらかい水《みず》草《くさ》や小《ちい》さな生《い》き物《もの》など、なんでも食《た》べてしまいます。上《じょう》下《げ》のくちびるには、こまかいやすりのような歯《は》がついています。

おたまじゃくしの成《せい》長《ちょう》していくようすを、日《ひ》をおってかんさつすることにしましょう。

①水中《すいちゅう》の生活《せいかつ》がはじまってから一週間目《しゅうかんめ》。

②三週間後《しゅうかんご》。後《うし》ろ足《あし》がでました。

③四週間後《しゅうかんご》。後《うし》ろ足《あし》が大《おお》きくなりました。

④六週間後《しゅうかんご》。前足《まえあし》がみえてきました。

⑤それから三日後《かご》。右前足《みぎまえあし》がでました。

⑥よく日《じつ》、両足《りょうあし》がはえそろいました。

おそろしい水中《すいちゅう》の敵《てき》

おたまじゃくしをイモリがねらっています。ゲンゴロウもねらっています。水《みず》の中《なか》での生活《せいかつ》は、きけんがいっぱいです。

一つのあわからうまれた約《やく》四百《ひゃっ》ぴきのおたまじゃくしのすべてが、子《こ》ガエルにまで成長《せいちょう》するとはかぎりません。おそらく約《やく》半分《はんぶん》は、食《た》べられたり死《し》んだりするものとおもわれます。

↓おたまじゃくしの群《む》れ。8月中《がつちゅう》に，ほとんどのおたまじゃくしに両足《りょうあし》がはえそろい，群《む》れをなして池《いけ》をおよぎまわります。あと2～3日《にち》ほどで，水中《すいちゅう》の生活《せいかつ》もおわります。

→イモリに食《た》べられるおたまじゃくし。イモリもカエルとおなじ両生類《りょうせいるい》です。体長《たいちょう》は10cmぐらいあり，冬眠《とうみん》のとき以外《いがい》は，水中《すいちゅう》で小《ちい》さな生《い》き物《もの》をとってくらしています。

まるく小《ちい》さかった口《くち》も，大《おお》きく横《よこ》にひろがった口《くち》になりました。

水辺《みずべ》の草《くさ》をてがかりに，子《こ》ガエルが陸《りく》へはいあがります。

水中《すいちゅう》から陸《りく》へ

子《こ》ガエルが、水辺《みずべ》の草《くさ》の葉《は》やくきにつかまりさかんによじのぼりはじめます。からだつきがほねばってきて、だんだんカエルらしくなってきましたが、まだ長《なが》いしっぽをぶらさげたままです。

でも、もうえらはありません。そのかわり、顔《かお》には鼻《はな》のあながぽつんとあいています。からだの中《なか》に肺《はい》ができあがり、鼻《はな》から息《いき》をすいこんで、肺呼吸《はいこきゅう》をはじめているのです。

まるく小《ちい》さかった口《くち》が、顔《かお》いっぱい大《おお》きく横《よこ》にひろがりました。これから、子《こ》ガエルの陸《りく》のくらしがはじまります。

⬇約《やく》１か月半《げつはん》の水中《すいちゅう》での生活《せいかつ》をおえて，陸上《りくじょう》でくらすようになった子《こ》ガエル。すっかりカエルらしいからだつきになってきましたが，まだ長《なが》いしっぽはつけたままです。手足《てあし》の吸《きゅう》ばんをたくみにつかって草《くさ》にしがみつきます。

↑水面《すいめん》にうかんだカキの葉《は》でやすむ発育《はついく》のおくれた子《こ》ガエル。モリアオガエルのなかには，ふ化《か》の時期《しき》がおくれたため，子《こ》ガエルになるころには，もう秋《あき》をむかえるものもいます。そんな子《こ》ガエルは発育《はついく》がおくれ，山《やま》にうつるまえに，寒《さむ》さでほとんど死《し》んでしまいます。

→クモの巣《す》にひっかかってしまった子《こ》ガエル。ぶじに陸《りく》にあがってもきけんがいっぱいです。子《こ》ガエルのからだは，まだしっかりしていないため，足《あし》の力《ちから》がよわく，クモの巣《す》にひっかかっても糸《いと》をやぶることができません。

➡ミョウガの葉《は》の上《うえ》でうずくまる子《こ》ガエル。昼《ひる》のあいだは，葉《は》の表面《ひょうめん》にへばりついてねむり，夜《よる》になると活動《かつどう》をはじめます。しっぽは，ほとんど体内《たいない》にきゅうしゅうされてしまいました。

山《やま》にうつる日《ひ》

陸《りく》にあがって数日《すうじつ》は、子《こ》ガエルはなにも食《た》べず、木《き》の葉《は》の上《うえ》や草《くさ》むらにうずくまって、じっとしています。

黒《くろ》ずんでいたからだの色《いろ》は、だんだん黄《き》みどり色《いろ》にかわってきます。しっぽが、からだの中《なか》にきゅうしゅうされて、どこからみても、もういちにんまえのカエルです。

八月下旬《がつげじゅん》、夏《なつ》も、もうまもなくおわり。陸《りく》の生活《せいかつ》になれた子《こ》ガエルが、池《いけ》のまわりでとびはねているのがみられます。

子《こ》ガエルたちが、山《やま》にうつっていく日《ひ》がちかづいてきたようです。

⬇キキョウの花《はな》の中《なか》でやすんでいる子《こ》ガエル。陸《りく》にあがっておよそ2週間《しゅうかん》ぐらいたっているとおもわれます。体長《たいちょう》が2㎝ぐらいになりました。

子《こ》ガエルが、
一ぴき、また一ぴきと、
山《やま》にうつっていきます。
はじめてみる山《やま》、
はじめてのぼる木《き》。
これから山《やま》の生活《せいかつ》が
はじまります。

日本《にっぽん》のカエル

- ヒキガエル科《か》
  - ヒキガエル
  - オオヒキガエル
- アカガエル科《か》
  - アカガエル
  - トノサマガエル
  - ダルマガエル
- アマガエル科《か》
  - アマガエル
  - ハロウェルアマガエル
- アオガエル科《か》
  - 陸上《りくじょう》であわの中《なか》にたまごをうむなかま
    - ● モリアオガエル ● シュレーゲルアオガエル
    - ● アマミアオガエル ● シロアゴガエル
    - ● オキナワアオガエル ● ヤエヤマアオガエル
  - 水中《すいちゅう》で寒天質《かんてんしつ》につつまれたたまごをうむなかま
    - ● カジカガエル
    - ● ニホンカジカガエル
- ジムグリガエル科《か》
  - ヒメアマガエル

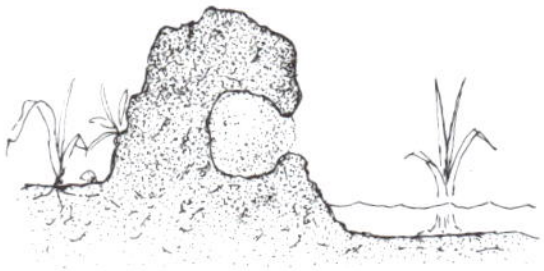

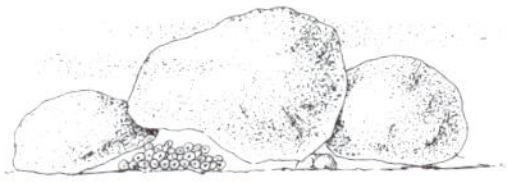

世界中《せかいじゅう》のカエルは、二千《せん》種類《しゅるい》以上《いじょう》もいます。このうち、日本《にっぽん》にいるカエルはおよそ三十五種類《しゅるい》です。それを大《おお》きくわけると、五つのグループにわけられます。

①ヒキガエルのなかま、②アカガエルのなかま、③アマガエルのなかま、④アオガエルのなかま、⑤ジムグリガエルのなかまです。

モリアオガエルは、アオガエルのなかまにはいります。

アオガエルは、もともと熱帯《ねったい》や亜熱帯《あねったい》地方《ちほう》にすむ南方系《なんぽうけい》のカエルで、アフリカや東南《とうなん》アジア地方《ちほう》の湿気《しっけ》の多《おお》い森《もり》の中《なか》には、約《やく》四百《ひゃく》五十にものぼるさまざまな種類《しゅるい》がすんでいます。

これまでに日本《にっぽん》で発見《はっけん》されているアオガエルのなかまは、全部《ぜんぶ》で十種類《しゅるい》、水《みず》のきれいな谷川《たにがわ》にすむカジカガエルなどをのぞけばどれも木《き》や草《くさ》の上《うえ》でくらしています。

➡木《き》のえだでなくシュレーゲルアオガエル。北海道《ほっかいどう》をのぞく日本全土《にっぽんぜんど》に分布《ぶんぷ》しています。吸《きゅう》ばんがあり，林《はやし》の木《き》の上《うえ》で生活《せいかつ》をしています。

⬇シュレーゲルアオガエルのたまご。田《た》のあぜの草《くさ》の根《ね》もとにうむこともあります。

⬇モリアオガエルの前足《あし》の吸《きゅう》ばん。アオガエルのなかまは吸《きゅう》ばんが発達《はったつ》しています。

アオガエルのなかまは、ほかのカエルのなかまとどんなところがちがうでしょう。

まず、すんでいる場所《ばしょ》がちがいます。アカガエルは、いつも水辺《みずべ》でくらしています。ヒキガエルは地面《じめん》や土《つち》の中《なか》でくらしています。ところがアオガエルのなかまは、産卵《さんらん》のとき以外《いがい》は草《くさ》や木《き》の上《うえ》でくらしています。木《き》の上《うえ》をとびあるいたりできるように吸《きゅう》ばんが発達《はったつ》しています。

産卵《さんらん》のしかたもちがいます。ほかのカエルは、寒天質《かんてんしつ》につつまれたたまごを水中《すいちゅう》にうみます。池《いけ》の中《なか》には、たまごやおたまじゃくしをねらう敵《てき》がたくさんいます。だから、※少《すこ》しぐらい食《た》べられても子孫《しそん》がたえないように、一度《いちど》にたくさんのたまごをうむ傾向《けいこう》があります。

ところが、アオガエルのなかまは陸上《りくじょう》で、たまごをあわにつつんでうみます。モリアオガエルは池《いけ》のそばの木《き》のえだや葉《は》にうみます。モリアオガエルににたシュレーゲルアオガエルは、田《た》のあぜにあなをほり、外《そと》からみえないようにたまごをうみます。アオガエルがうむたまごの数《かず》は五百《ひゃく》～六百個《ぴゃくこ》です。だいじなたまごを敵《てき》に食《た》べら

※たとえば水中《すいちゅう》で産卵《さんらん》するヒキガエルは約《やく》四千《せん》六百個《ぴゃっこ》、アカガエルは約《やく》千《せん》五百個《ひゃっこ》のたまごをうみます。

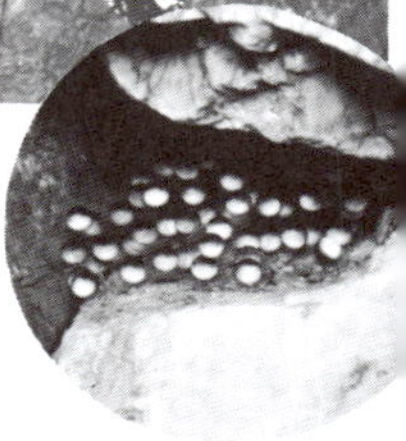

↑交《こう》尾《び》中《ちゅう》のカジカガエル。
→上《うえ》がおす。カジカガエルは，あわをつくらず，寒《かん》天《てん》質《しつ》につつまれたたまごを，川底《かわぞこ》の石《いし》の下《した》にうみます（円内《えんない》）。

れないように、より安全《あんぜん》な場所《ばしょ》をえらんで産卵《さんらん》します。

ところで、おなじアオガエルのなかまなのに、いままでも水辺《みずべ》をはなれず、寒天質《かんてんしつ》につつまれたたまごを川底《かわぞこ》の石《いし》の下《した》にうむカエルがいます。カジカガエルです。からだの色《いろ》は、川《かわ》の石《いし》とにたかっ色《しょく》です。やはり吸《きゅう》ばんがあります。とすると、いま、木《き》の上《うえ》でくらしているアオガエルにも、大《おお》むかしには、カジカガエルのように水辺《みずべ》でくらしていた時代《じだい》があったのでしょう。

●アマガエル

アオガエルのなかまではないのに，アオガエルとすがたもくらしもそっくりなカエルがいます。アマガエルです。指先《ゆびさき》に吸《きゅう》ばんがあります。木《き》の上《うえ》でくらしています。環境《かんきょう》によって，からだの色《いろ》もかわります。でも，よくみるとちがいもあります。アオガエルとアマガエルは，長《なが》いあいだ，おなじような環境《かんきょう》でくらしているうちに，からだのしくみまでがにてきてしまったのでしょう。

●なきぶくろのちがい

アオガエルのなきぶくろは、あまり大《おお》きくはありません。でも、アマガエルのなきぶくろは、まるで風船《ふうせん》のように大《おお》きくふくらみます。なくとき、なきぶくろを大《おお》きくしたり、小《ちい》さくしたりしてなきます。

●足《あし》のちがい

アオガエルもアマガエルも指先《ゆびさき》に吸《きゅう》ばんが発達《はったつ》しています。でも、アオガエルのなかまには、前足《まえあし》にも後《うし》ろ足《あし》にも水《みず》かきがあるのに、アマガエルには、水《みず》かきが後《うし》ろ足《あし》にしかありません。

●産卵《さんらん》のちがい

アマガエルは、産卵《さんらん》のとき、あわをつくりません。水中《すいちゅう》をつがいになって、およぎながら、一つぶずつ寒天質《かんてんしつ》につつまれたたまごを、あちこちの水草《みずくさ》に、少《すこ》しずつわけてうみつけていきます。

＊木《き》の上《うえ》のくらし

⬆木《こ》かげでやすむモリアオガエル。からだから水分《すいぶん》がにげださないように，昼《ひる》はほとんど活動《かつどう》しません。

アオガエルのなかまは、どうして木《き》の上《うえ》でくらすようになったのでしょう。その理由《りゆう》の一つは食《た》べものです。アオガエルは、おもにアブやハエ、カ、ガなどの小《ちい》さな昆虫《こんちゅう》をとって食《た》べます。昆虫《こんちゅう》は草《くさ》や木《き》の上《うえ》に多《おお》くやってきます。だから、昆虫《こんちゅう》のたくさんいるところをもとめてうつりすんでいるうちに、森《もり》や林《はやし》にすみついてしまったのでしょう。

もう一つは、天敵《てんてき》からのがれるため、より安全《あんぜん》な場所《ばしょ》へと移動《いどう》していった結果《けっか》かもしれません。地面《じめん》では、ヘビがはってえものをねらっています。空《そら》からは野鳥《やちょう》もねらっています。木《き》の葉《は》のかげにかくれていれば、地面《じめん》にいるよりは、いくらかは安全《あんぜん》です。

しかし、水辺《みずべ》をはなれるとなると、べつのきけんにさらされることになります。カエルは、皮《ひ》ふがかわくと死《し》んでしまう動物《どうぶつ》だからです。

カエルは、子《こ》ガエルになったときから肺呼吸《はいこきゅう》をはじめます。ところがそれだけでは、酸素《さんそ》の量《りょう》がたり

●**アカガエル**
かわきにもっとも弱《よわ》いアカガエルは、いつも水辺《みずべ》にすんでいます。皮《ひ》ふがかわくと、すぐ水《みず》にとびこみます。

●**ヒキガエル**
ヒキガエルは、めったに水《みず》にはいりません。皮《ひ》ふがかわきそうになると、土《つち》の中《なか》にもぐってしまいます。

モリアオガエルのからだのしくみ

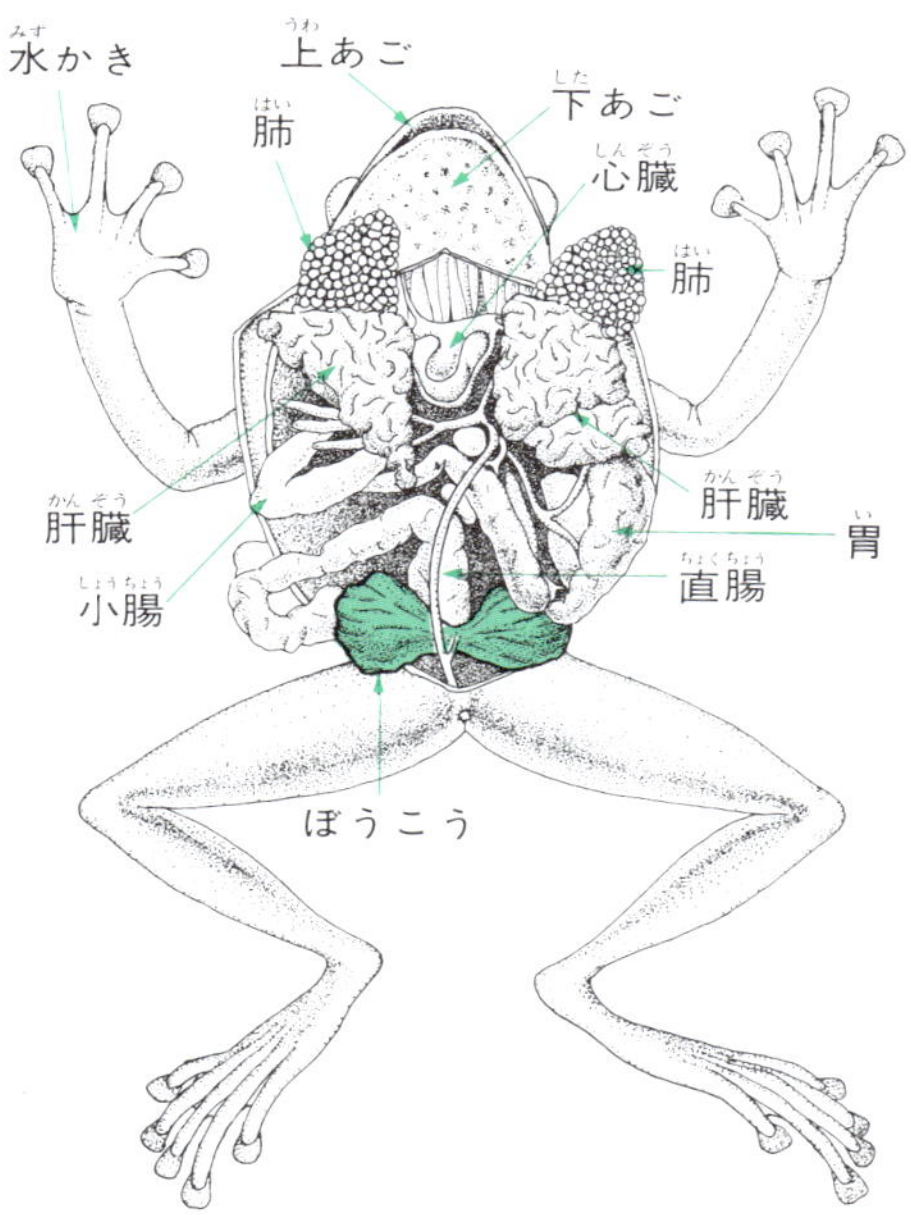

地面《じめん》にもぐるシュレーゲルアオガエル。かんそうがつづくと，アオガエルも地面《じめん》にもぐってしまいます。

ません。カエルは、半分《はんぶん》以上《いじょう》の酸素《さんそ》を皮《ひ》ふからとりいれているのです。これを皮《ひ》ふ呼吸《こきゅう》といいます。

皮《ひ》ふ呼吸《こきゅう》をするためには、皮《ひ》ふがじゅうぶんにしめっていなければなりません。多《おお》くのカエルが、水辺《みずべ》をはなれてはくらせないのはこのためです。

たとえば、水辺《みずべ》にすむアカガエルは、体重《たいじゅう》の約《やく》三十パーセントにあたる水分《すいぶん》がなくなると死《し》んでしまいます。ところが、陸上《りくじょう》でくらすヒキガエルやアオガエルは四十パーセントの水分《すいぶん》がうしなわれても、なお生《い》きていくことができるといわれています。

さらに、木《き》の上《うえ》でくらしているアオガエルの皮《ひ》ふは、少《すこ》しの雨《あめ》でも、すばやく水分《すいぶん》を体内《たいない》に吸《きゅう》しゅうできるという、とくべつな性質《せいしつ》をもっています。吸《きゅう》しゅうした水分《すいぶん》は、にょうといっしょに、ぼうこうにためておくことができます。

このように、アオガエルのなかまは、環境《かんきょう》の変化《へんか》におどろくほどよく適応《てきおう》しながら、木《き》の上《うえ》の生活《せいかつ》をつづけているのです。

池《いけ》のそばの木《き》で産卵中《さんらんちゅう》のモリアオガエル。あわの下《した》にかならず池《いけ》がくるようなえだをえらんで産卵《さんらん》します。

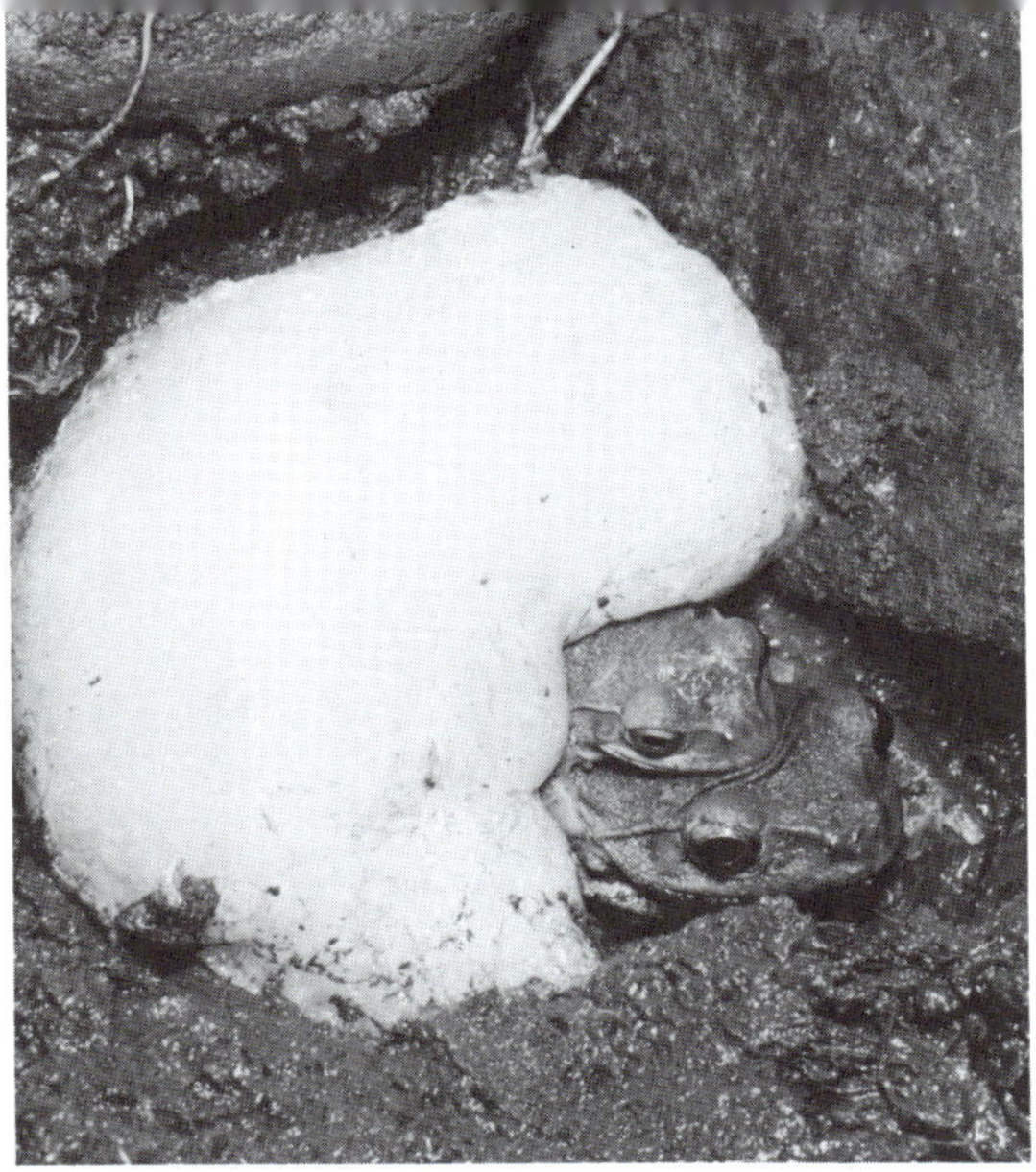

あぜにあなをほり，あわ状《じょう》の産卵《さんらん》をするシュレーゲルアオガエル。上《うえ》がおすで，下《した》がめす。めすの方《ほう》がからだが大《おお》きい。

ニワトリのたまごには、かたいからがあります。中《なか》の黄身《きみ》は、ねん液《えき》とからにまもられているのです。ところが、カエルのたまごにはからがありません。寒天質《かんてんしつ》につつまれているだけです。水中《すいちゅう》ではそれでじゅうぶんです。でも、モリアオガエルは木《き》の上《うえ》にたまごをうみます。寒天質《かんてんしつ》でくるんだだけでは、すぐにかんそうして、中《なか》のたまごが死《し》んでしまいます。たまごを外敵《がいてき》からまもるだけでなく、かんそうからもまもらなければなりません。

そのために、モリアオガエルはねん液《えき》ににょうをまぜ、足《あし》であわだてるのです。白《しろ》いあわは、ねん液《えき》の中《なか》に、空気《くうき》のつぶがいっぱいまじりあっているというしょうこです。

あわは、たまごをかこむ厚《あつ》いかべとなって、たまごを一定《いってい》の温度《おんど》と湿度《しつど》にたもちます。それに、空気《くうき》のつぶが、中《なか》の水分《すいぶん》に酸素《さんそ》を補給《ほきゅう》してくれます。しかも、産卵後《さんらんご》しばらくたつと、あわの外側《そとがわ》だけがか

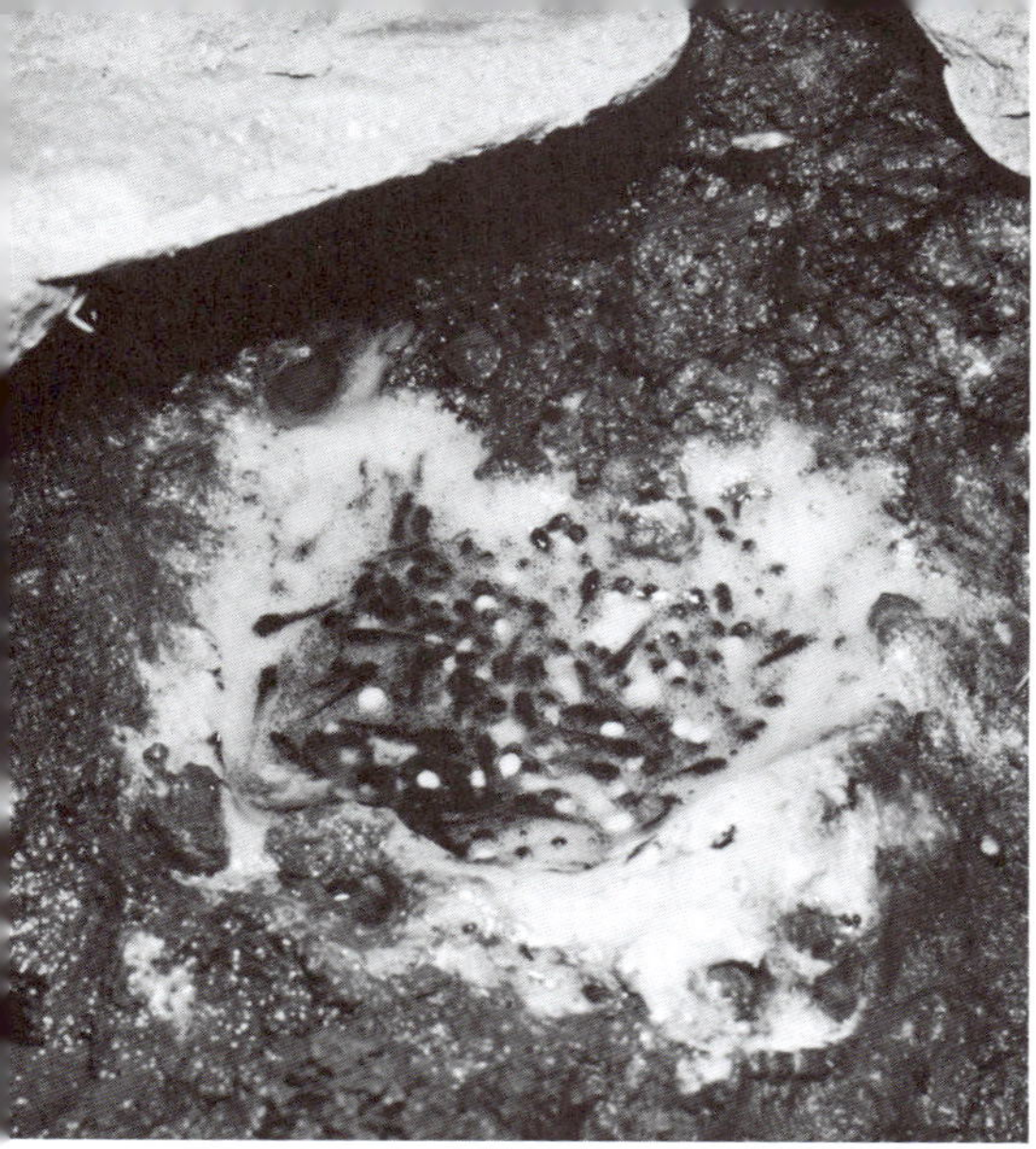

↑田《た》んぼにおちたあわの中《なか》には，ふ化《か》してまもないおたまじゃくしがいます。おなかには，まだ卵黄《らんおう》をつけています。

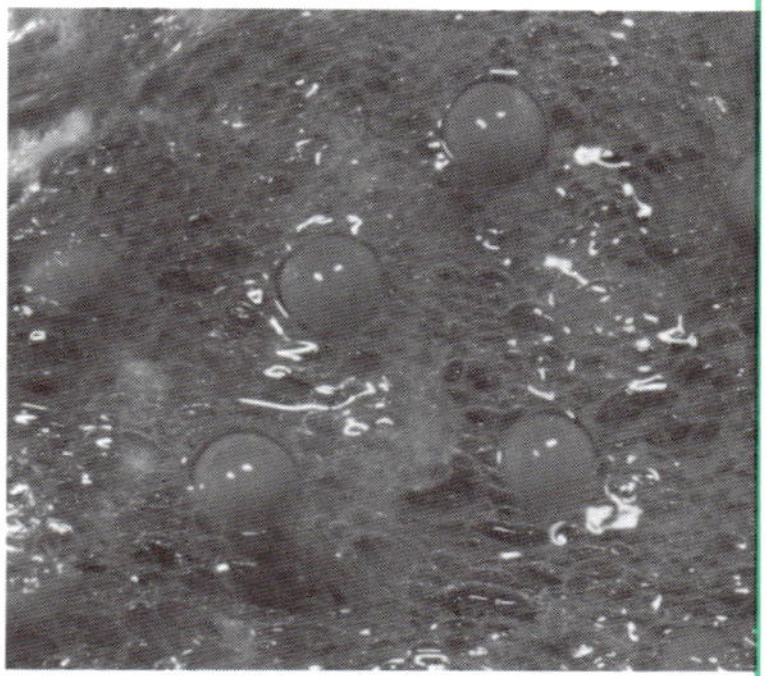

←シュレーゲルアオガエルのたまご。あわの中《なか》には，約《やく》450個《こ》のたまごがはいっています。

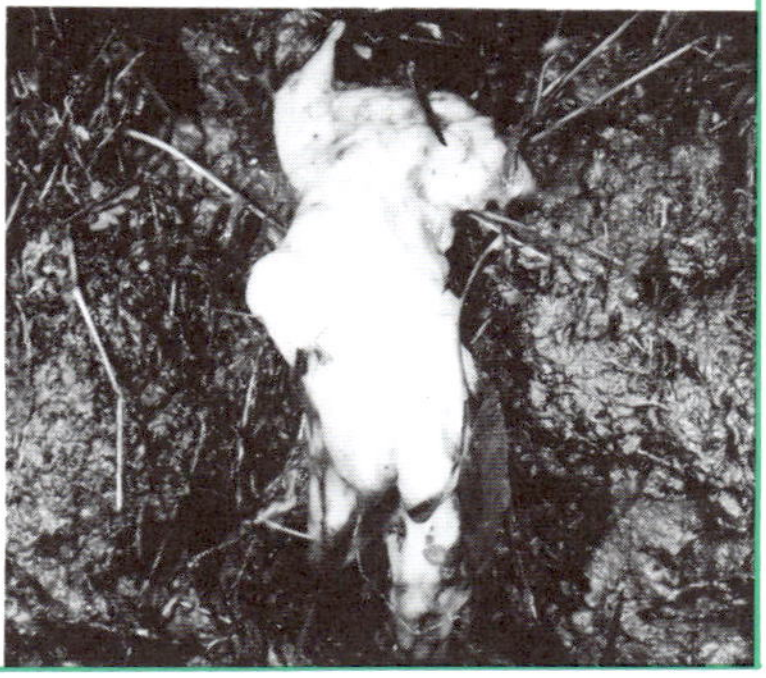

←産卵後約《さんらんごやく》15日《にち》。あわはひとりでにとけだして，下《した》の田《た》んぼの中《なか》にながれおちてしまいます。

わいてかたまり、からの役《やく》めもしてくれます。

こうして、無数《むすう》の空気《くうき》のつぶのおかげで、モリアオガエルのたまごは水中《すいちゅう》にうみつけられたほかのカエルのたまごとおなじ状態《じょうたい》でまもられているわけです。つまり、あわの中《なか》は小《ちい》さな〝池《いけ》〟なのです。

しかし、あわがたまごをかんそうから完全《かんぜん》にまもってくれるとはかぎりません。日《ひ》でりが長《なが》くつづくと、中《なか》の水分《すいぶん》がうばわれて、あわが小《ちい》さくちぢんでしまいます。モリアオガエルが産卵《さんらん》に梅雨期《ばいうき》をえらぶのは、日《ひ》でりからたまごをまもるためでしょう。

●**ヒキガエルのたまご**
細《ほそ》いおび状《じょう》の寒天質《かんてんしつ》の中《なか》に、たまごが一列《れつ》にならんでいます。

●**アカガエルのたまご**
寒天質《かんてんしつ》につつまれたたまごが、ブドウのふさのようにかたまっています。

＊めずらしい産卵《さんらん》や子《こ》そだて

世界中《せかいじゅう》には、めずらしい産卵《さんらん》をするカエルがいます。

産卵《さんらん》の場所《ばしょ》、一度《いちど》にうむたまごの数《かず》、たまごやおたまじゃくしの世話《せわ》など、さまざまです。

しかし、どれも子孫《しそん》をたやさずにのこしていくために、じつにうまくくふうされています。

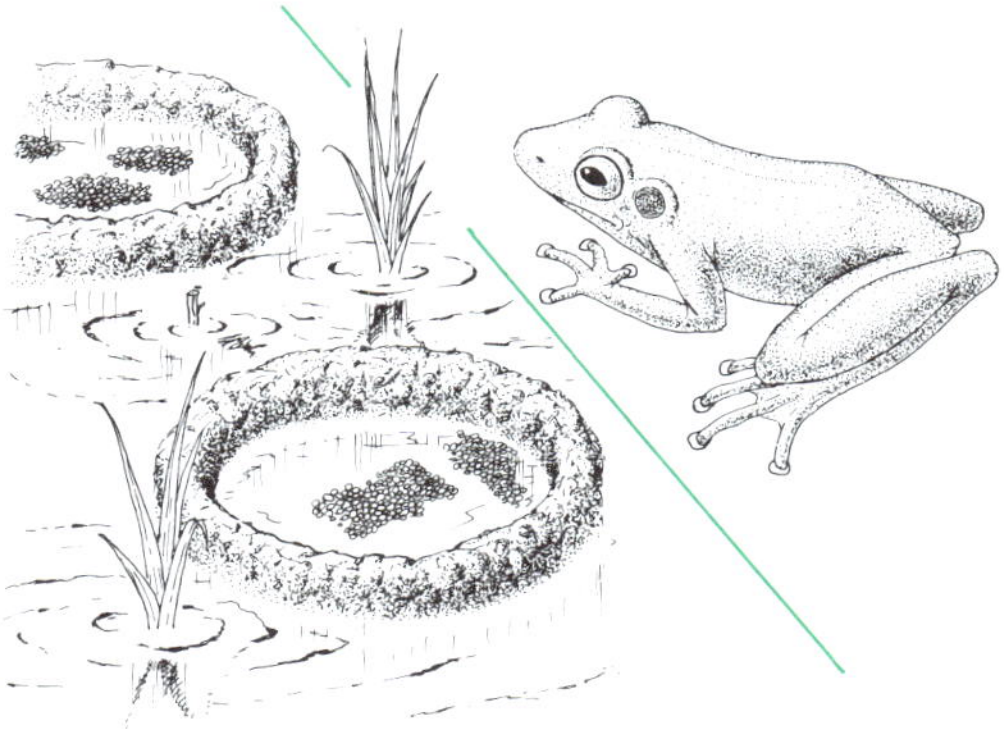

●スミスガエル

分布《ぶんぷ》・南《みなみ》アメリカ　体長《たいちょう》・10㎝

めすが，ぬまの浅《あさ》せにどろで直《ちょっ》径《けい》30㎝ぐらいのまるい土手《どて》をつくります。そして，その中《なか》に産卵《さんらん》します。かえったおたまじゃくしは，子《こ》ガエルになるまで，土手《どて》にかこまれたくぼみの中《なか》でくらします。

●ヤエヤマシロメガエル

分布《ぶんぷ》・八重山諸島《やえやましょとう》，沖縄《おきなわ》，台湾《たいわん》
体長《たいちょう》・3㎝

水《みず》がたまっている木《き》のうろに産《さん》卵《らん》します。かえったおたまじゃくしは，うろにできた小《ちい》さな水《みず》たまりの中《なか》でくらし，子《こ》ガエルに成長《せいちょう》してから外《そと》にはいだします。

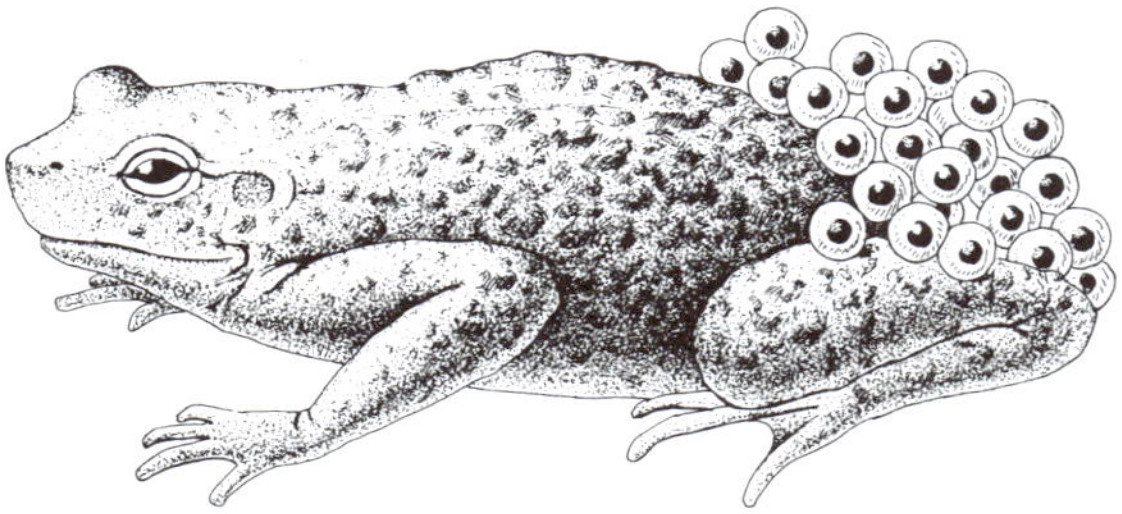

● **サンバガエル**

分布《ぶんぷ》・ヨーロッパ　体長《たいちょう》 5 cm

めすがうんだたまごを，おすが後《うし》ろ足《あし》にかたまりにしてまきつけます。おたまじゃくしがうまれるまでの6週間《しゅうかん》，おすは，どこへいくにもたまごを後《うし》ろ足《あし》のまたにはさんだままです。

● **ピパ（コモリガエル）**

分布《ぶんぷ》・南《みなみ》アメリカ　体長《たいちょう》・15cm

うんだたまごを，めすが自分《じぶん》の背中《せなか》にならべます。やがて，まわりの皮《ひ》ふがもりあがり，たまごをつつみます。おたまじゃくしは，血管《けっかん》をとおして，親《おや》から酸素《さんそ》と栄養《えいよう》をもらってそだちます。

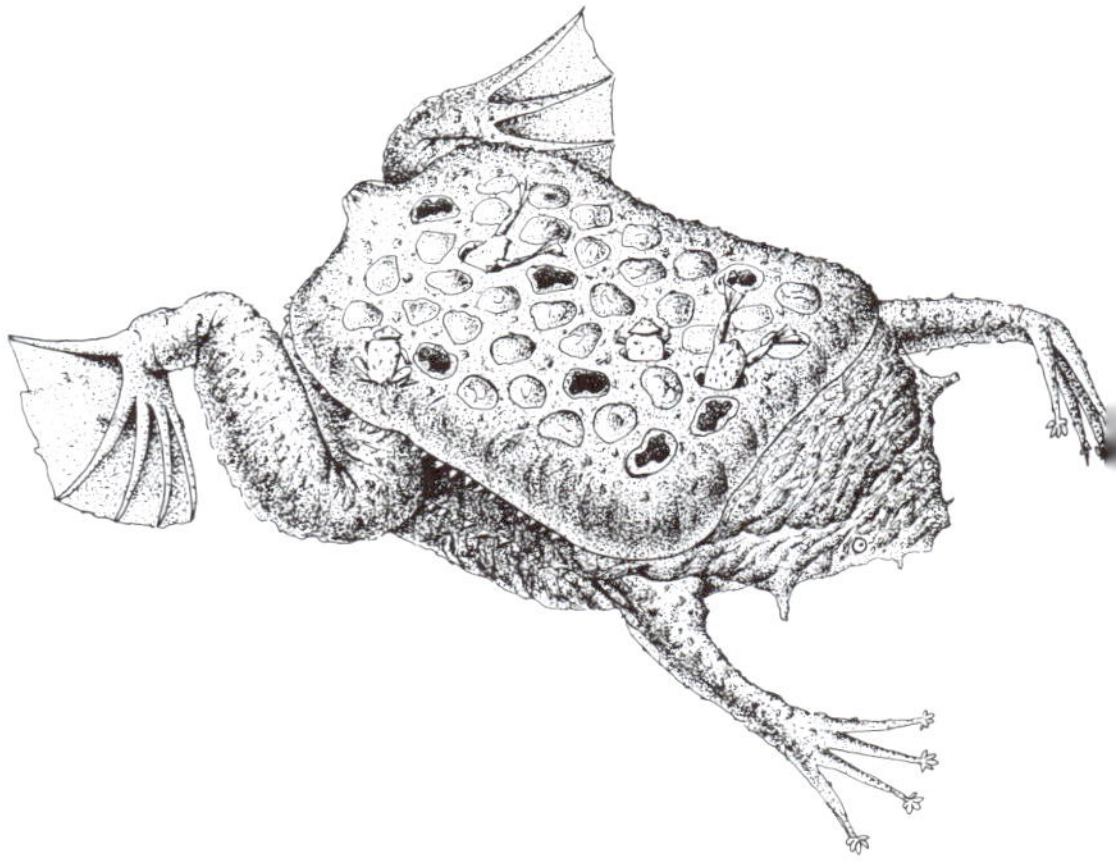

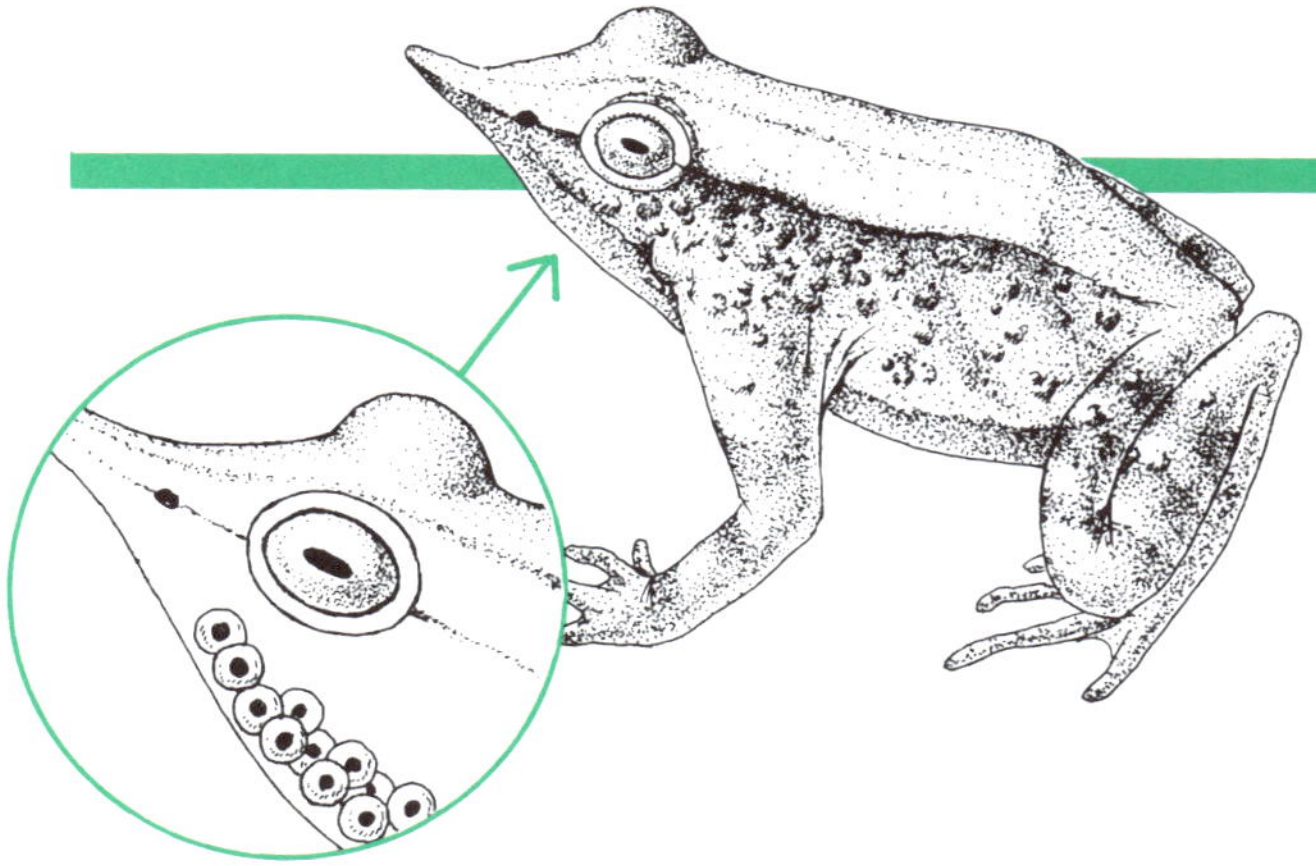

● **ダーウィンハナガエル**

分布《ぶんぷ》・南《みなみ》アメリカ　体長《たいちょう》3 cm

めすがしめった地面《じめん》にたまごをうみます。10日《か》ほどたってからおすがたまごをのみこみ，なきぶくろの中《なか》にしまいます。かえったおたまじゃくしは，子《こ》ガエルになるまでなきぶくろの中《なか》でそだちます。

＊ふるさとの池《いけ》とモリアオガエル

⬆トウキョウサンショウウオのたまご。水中《すいちゅう》にうみつけられたたまごは寒天質《かんてんしつ》につつまれています。

⬆トウキョウサンショウウオの幼生《ようせい》。おたまじゃくしとおなじように，えら（矢印《やじるし》）で呼吸《こきゅう》をしています。

産卵期《さんらんき》、モリアオガエルは、なぜふるさとの池《いけ》にもどっていくのでしょう。

木《き》の上《うえ》の生活《せいかつ》になれきったとはいえ、モリアオガエルは、イモリやサンショウウオなどとおなじ両生類《りょうせいるい》です。両生類《りょうせいるい》は、たまごからうまれてまもない幼生時代《ようせいじだい》はえらで水中《すいちゅう》の酸素《さんそ》をとり、成長《せいちょう》するにしたがってえらがきえ、肺《はい》で空気中《くうきちゅう》の酸素《さんそ》をとるようになります。つまり、えら呼吸《こきゅう》と肺呼吸《はいこきゅう》をする、二つの時代《じだい》をもっている動物《どうぶつ》だということです。

モリアオガエルも〝幼生《ようせい》（おたまじゃくし）の時代《じだい》〟は、どうしても水中《すいちゅう》でえら呼吸《こきゅう》の時代《じだい》をすごさなければなりません。だから、うまれてくる子《こ》どもがすぐに水中《すいちゅう》の生活《せいかつ》をはじめられるような場所《ばしょ》に、産卵《さんらん》をしなければならないのです。

さて、ふるさとの池《いけ》でうまれそだった子《こ》ガエルが、森《もり》の中《なか》にすがたをけすのは八月《がつ》下旬《げじゅん》です。子《こ》ガエルが親《おや》になって、またこの池《いけ》にもどるのはおよそ二〜三年後《ねんご》の春《はる》です。でも、モリアオガエルが、なにを手《て》がかりにふるさとの池《いけ》をさぐりあてるのかは、まだだれにもよくわかっていないなぞです。

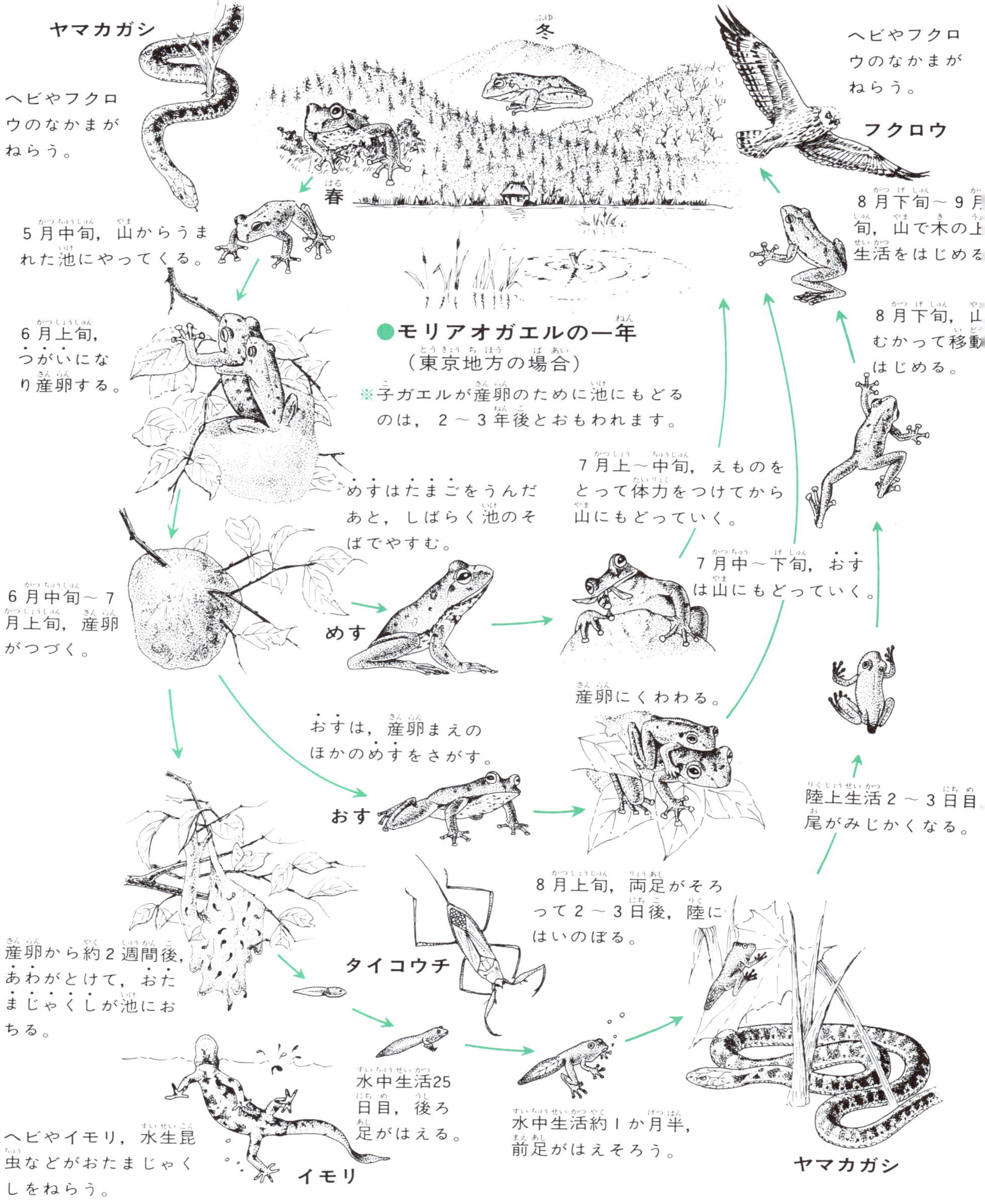

ヤマカガシ
ヘビやフクロウのなかまがねらう。
冬《ふゆ》
ヘビやフクロウのなかまがねらう。
フクロウ
春《はる》
5月《がつ》中旬《ちゅうじゅん》，山《やま》からうまれた池《いけ》にやってくる。
8月《がつ》下旬《げじゅん》～9月
旬《じゅん》，山《やま》で木《き》の上
生活《せいかつ》をはじめる
6月《がつ》上旬《じょうじゅん》，つがいになり産卵《さんらん》する。
●モリアオガエルの一年《ねん》
（東京地方《とうきょうちほう》の場合《ばあい》）
※子《こ》ガエルが産卵《さんらん》のために池《いけ》にもどるのは，2～3年後《ねんご》とおもわれます。
8月《がつ》下旬《げじゅん》，山
むかって移動《いどう》
はじめる。
7月《がつ》上《じょう》～中旬《ちゅうじゅん》，えものをとって体力《たいりょく》をつけてから山《やま》にもどっていく。
めすはたまごをうんだあと，しばらく池《いけ》のそばでやすむ。
7月《がつ》中《ちゅう》～下旬《げじゅん》，おすは山《やま》にもどっていく。
6月《がつ》中旬《ちゅうじゅん》～7月《がつ》上旬《じょうじゅん》，産卵《さんらん》がつづく。
めす
産卵《さんらん》にくわわる。
おすは，産卵《さんらん》まえのほかのめすをさがす。
おす
陸上生活《りくじょうせいかつ》2～3日目《にちめ》，尾《お》がみじかくなる。
8月《がつ》上旬《じょうじゅん》，両足《りょうあし》がそろって2～3日後《にちご》，陸《りく》にはいのぼる。
産卵《さんらん》から約《やく》2週間後《しゅうかんご》，あわがとけて，おたまじゃくしが池《いけ》におちる。
タイコウチ
水中生活《すいちゅうせいかつ》25日目《にちめ》，後《うし》ろ足《あし》がはえる。
水中生活約《すいちゅうせいかつやく》1か月半《げつはん》，前足《まえあし》がはえそろう。
ヘビやイモリ，水生昆虫《すいせいこんちゅう》などがおたまじゃくしをねらう。
イモリ
ヤマカガシ

＊モリアオガエルの分布《ぶんぷ》

⬆池《いけ》のそばに人家《じんか》ができても，モリアオガエルは，うまれ故郷《こきょう》の池《いけ》にやってきて産卵《さんらん》しなければなりません。

⬆まどガラスにへばりつくモリアオガエルのおす。池《いけ》のそばに家《いえ》があると，こんなところまできます。

モリアオガエルは森《もり》の木《き》の上《うえ》でくらしているために、人《ひと》の目《め》がとどかず、その生態《せいたい》も多《おお》くがわからないままになっていました。ところが、水辺《みずべ》の木《き》のえだにあわ状《じょう》のたまごをうむめずらしい生態《せいたい》が紹介《しょうかい》されるようになってから、全国《ぜんこく》からモリアオガエル発見《はっけん》の報告《ほうこく》がしだいにあつまるようになりました。最近《さいきん》になって、ようやく全国《ぜんこく》の分布《ぶんぷ》のようすがつかめてきました。

モリアオガエルは本州《ほんしゅう》だけでなく、四国《しこく》、九州《きゅうしゅう》にもいます。しかし、北海道《ほっかいどう》ではまだ一ぴきも発見《はっけん》されていません。その分布《ぶんぷ》は、図《ず》のように点《てん》です。それは、どの地《ち》方《ほう》にもまんべんなくすんでいるのではなくて、池《いけ》やぬまを中心《ちゅうしん》にすんでいるからなのです。

池《いけ》ならばどんな池《いけ》でもいいかというと、そうでもありません。あくまで、ある特定《とくてい》の池《いけ》です。モリアオガエルには、うまれそだった池《いけ》にもどる本能《ほんのう》があるからです。

モリアオガエルがあつまる池《いけ》を、高《たか》さでくらべてみました。標高《ひょうこう》（海面《かいめん》からの高《たか》さ）わずか百《ひゃく》メートルぐらい

● モリアオガエルの分布地図《ぶんぷちず》

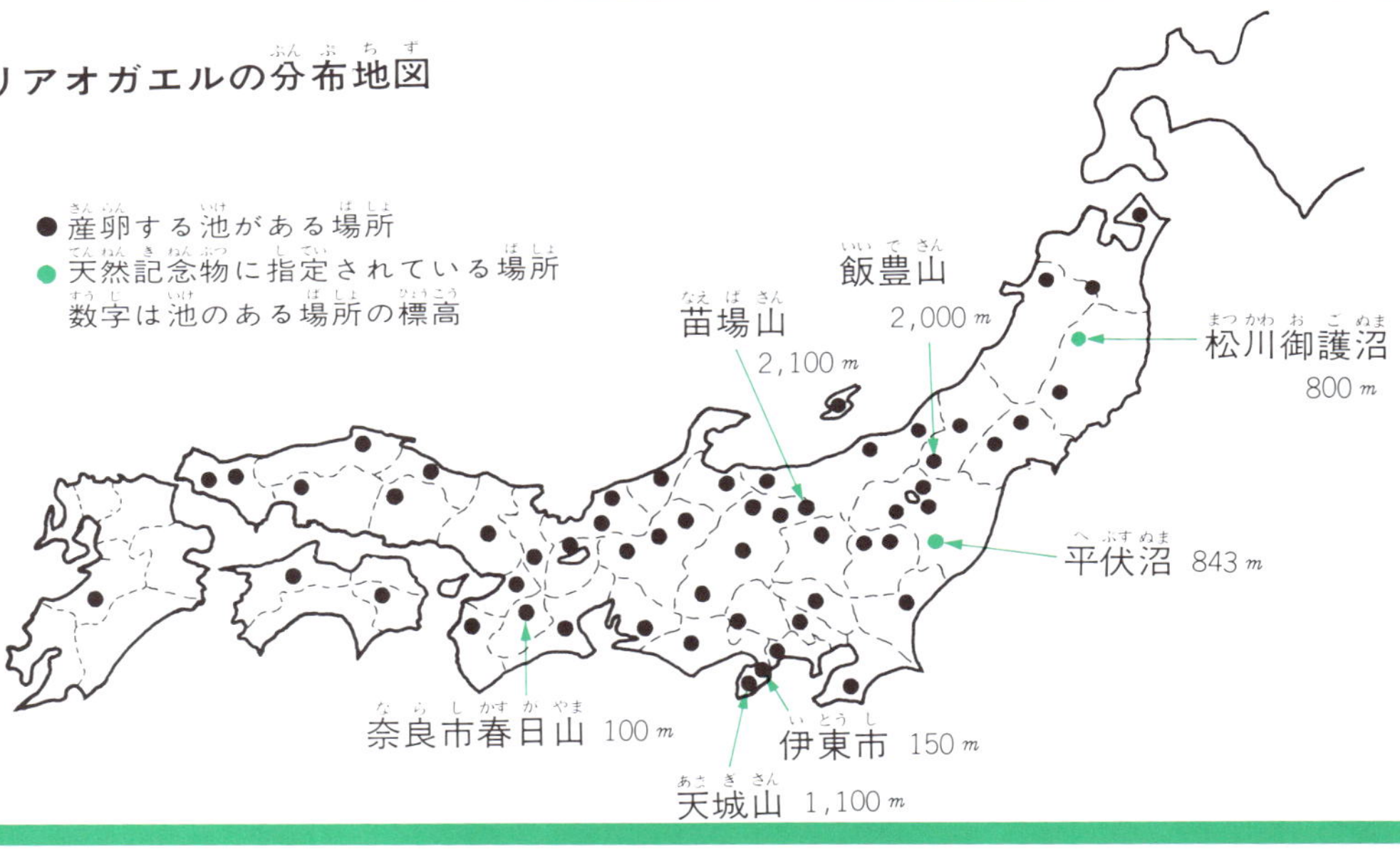

の低《ひく》い場《ば》所《しょ》もあります。標《ひょう》高《こう》二千《せん》メートルの高《たか》い場《ば》所《しょ》もあります。平均《へいきん》すると、その高《たか》さは約《やく》七百《ひゃく》メートルぐらいです。

ところが近年《きんねん》になって、数年前《すうねんまえ》までは何百《なんびゃく》ぴきものモリアオガエルがあつまってきたのに、いまではまったくすがたがみられなくなった池《いけ》があります。はんたいに、モリアオガエルが、人家《じんか》の庭《にわ》や田《た》んぼのあぜ、小《ちい》さな用《よう》水《すい》にまで産卵《さんらん》したという例《れい》もでてきました。

どうやらこれは、最近《さいきん》の土地《とち》開発《かいはつ》などで、森《もり》がなくなったり、池《いけ》のまわりの木《き》が切《き》りとられたりしたためだとおもわれます。モリアオガエルのすみやすい環境《かんきょう》を人間《にんげん》がうばってしまうと、分布《ぶんぷ》までがくるってくるのです。

↓産卵場所《さんらんばしょ》のようすがかわると，モリアオガエルは，とんでもないところに産卵《さんらん》をするようになります。人家《じんか》の近《ちか》くのみぞに産卵《さんらん》するもの(上《うえ》)，なかには，池《いけ》をかこむ金《かな》あみに産卵《さんらん》するものもいます(下《した》)。

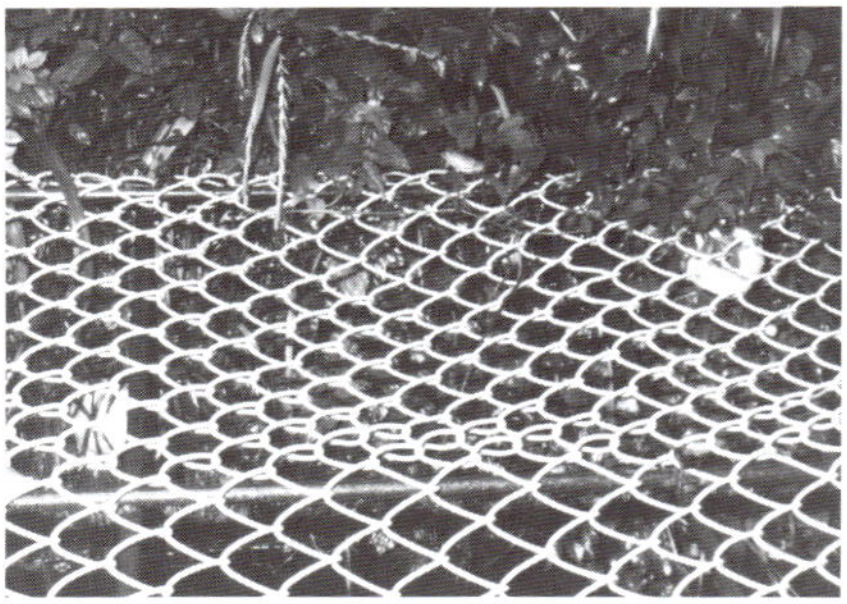

あとがき

もう何年《なんねん》もまえのことです。モリアオガエルを写《うつ》したくて、伊豆半島《いずはんとう》の八丁池《はっちょういけ》というところへいったことがあります。ところが、カエルの数《かず》がへってしまったせいか、カエルのすがたはおろか、声《こえ》すらきくことができませんでした。

そうこうするうちに、東京都下《とうきょうとか》にも、このカエルが生息《せいそく》していることを知《し》り、さっそくいってみました。でもそこは山《やま》こそあれ、人家《じんか》の庭先《にわさき》だったのです。

こんなところにもモリアオガエルがでてくるのかと、しばらくは半信半疑《はんしんはんぎ》でしたが、二～三日《にち》まつうちにとうとうすがたをあらわしました。それ以来《いらい》、七年《ねん》もかれらとのつきあいがつづき、ようやく一冊《さつ》の本《ほん》にまとまりました。

しかし、ふりかえってみるとこの本《ほん》の著者《ちょしゃ》はわたしでないような気《き》がしてなりません。カエルたちは、右《みぎ》にとぶかとおもえば、左《ひだり》にとぶといったぐあいに、いつもわたしをからかい、ばかにするかのようにふるまってきました。でもそれは、かれらがほんとうの生態《せいたい》を知《し》ってほしくて、とっていた態度《たいど》だったのです。わたしは、かれらにまんまと利用《りよう》され、シャッターを切《き》っていただけだったのです。つまりモリアオガエルが、この本《ほん》のほんとうの作者《さくしゃ》だったのです。

この本《ほん》をつくるにあたって多《おお》くの人《ひと》にお世話《せわ》になりました。撮影《さつえい》に協力《きょうりょく》してくださった青木博《あおきひろし》さんご一家《いっか》、指導《しどう》してくださった金井郁夫先生《かないいくおせんせい》、いつもそばではげましてくださった七尾純《ななおじゅん》さんに、心《こころ》からお礼申《れいもう》しあげます。

増田戻樹《ますだもどき》

NDC487

増田戻樹
科学のアルバム　動物・鳥７
モリアオガエル

あかね書房 2022
62P　23×19cm

科学のアルバム
モリアオガエル

一九七八年 三 月初版
二〇〇五年 四 月新装版第 一 刷
二〇二二年一〇月新装版第一一刷

著者　増田戻樹

発行者　岡本光晴
発行所　株式会社 あかね書房
〒一〇一－〇〇六五
東京都千代田区西神田三－二－一
電話〇三－三二六三－〇六四一（代表）
http://www.akaneshobo.co.jp
印刷所　株式会社 精興社
写植所　株式会社 田下フォト・タイプ
製本所　株式会社 難波製本

ISBN978-4-251-03360-4
定価は裏表紙に表示してあります。
落丁本・乱丁本はおとりかえいたします。

○表紙写真
・産卵中《さんらんちゅう》のモリアオガエル
○裏表紙写真（上から）
・おすにちかづいてきためす
・葉《は》の上《うえ》でやすむ子《こ》ガエル
・両足《りょうあし》がはえそろったおたまじゃくし
○扉写真
・陸《りく》にあがって２～３日目《にちめ》の子《こ》ガエル
○もくじ写真
・池《いけ》でおよぐモリアオガエル

科学のアルバム

全国学校図書館協議会選定図書・基本図書
サンケイ児童出版文化賞大賞受賞

虫

モンシロチョウ
アリの世界
カブトムシ
アカトンボの一生
セミの一生
アゲハチョウ
ミツバチのふしぎ
トノサマバッタ
クモのひみつ
カマキリのかんさつ
鳴く虫の世界
カイコ まゆからまゆまで
テントウムシ
クワガタムシ
ホタル 光のひみつ
高山チョウのくらし
昆虫のふしぎ 色と形のひみつ
ギフチョウ
水生昆虫のひみつ

植物

アサガオ たねからたねまで
食虫植物のひみつ
ヒマワリのかんさつ
イネの一生
高山植物の一年
サクラの一年
ヘチマのかんさつ
サボテンのふしぎ
キノコの世界
たねのゆくえ
コケの世界
ジャガイモ
植物は動いている
水草のひみつ
紅葉のふしぎ
ムギの一生
ドングリ
花の色のふしぎ

動物・鳥

カエルのたんじょう
カニのくらし
ツバメのくらし
サンゴ礁の世界
たまごのひみつ
カタツムリ
モリアオガエル
フクロウ
シカのくらし
カラスのくらし
ヘビとトカゲ
キツツキの森
森のキタキツネ
サケのたんじょう
コウモリ
ハヤブサの四季
カメのくらし
メダカのくらし
ヤマネのくらし
ヤドカリ

天文・地学

月をみよう
雲と天気
星の一生
きょうりゅう
太陽のふしぎ
星座をさがそう
惑星をみよう
しょうにゅうどう探検
雪の一生
火山は生きている
水 めぐる水のひみつ
塩 海からきた宝石
氷の世界
鉱物 地底からのたより
砂漠の世界
流れ星・隕石